ISSN 0365 - 6470

ABHANDLUNGEN DER SÄCHSISCHEN AKADEMIE
DER WISSENSCHAFTEN ZU LEIPZIG

Mathematisch-naturwissenschaftliche Klasse
Band 55 · Heft 4

DIETRICH UHLMANN

ÖKOLOGISCHE PROBLEME DER TRINKWASSERVERSORGUNG AUS TALSPERREN

AKADEMIE-VERLAG · BERLIN

1983

ISSN 0365 - 6470

ABHANDLUNGEN DER SÄCHSISCHEN AKADEMIE
DER WISSENSCHAFTEN ZU LEIPZIG

Mathematisch-naturwissenschaftliche Klasse
Band 55 · Heft 4

DIETRICH UHLMANN

ÖKOLOGISCHE PROBLEME DER TRINKWASSERVERSORGUNG AUS TALSPERREN

Mit 15 Abbildungen

AKADEMIE-VERLAG · BERLIN
1983

Vorgetragen in der Sitzung am 5. Dezember 1980
Manuskript eingeliefert am 15. Januar 1982
Druckfertig erklärt am 16. April 1983

Erschienen im Akademie-Verlag, DDR - 1086 Berlin, Leipziger Straße 3—4

Lizenznummer: 202 · 100/501/83
P 55/83
Printed in the German Democratic Republic
Gesamtherstellung: VEB Druckhaus „Maxim Gorki", 7400 Altenburg
LSV 1375, 1485
Bestellnummer: 763 202 1 (2025/55/4)
DDR 5,— M

Der für die DDR (und für andere hochindustrialisierte Länder) kennzeichnende hohe Wasserverbrauch pro Kopf der Bevölkerung ist Ausdruck eines hohen Lebensstandards. Die erforderliche weitere Steigerung der Wasserbereitstellung für die Bevölkerung (insbesondere im Zusammenhang mit dem Wohnungsbauprogramm), für Industrie und Landwirtschaft ist mit hohen Investitionskosten verbunden. Dies gilt für die DDR in besonderem Maße, da hier bereits das natürliche Wasserdargebot im Vergleich zu den meisten anderen hochindustrialisierten Ländern gering ist. Außerdem sind die topographischen Bedingungen für den Bau großer Talsperren sehr ungünstig. Dieser relativ geringe Speicher- und Regelungsgrad der Wasserressourcen zwingt in der DDR dazu, daß in Trockenjahren das Wasserdargebot im Durchschnitt vollständig genutzt werden muß. Dies bedeutet aber für die Ballungsgebiete der Industrie eine wiederholte Nutzung, der ein weitaus geringerer Nutzungsgrad in Wasserüberschußgebieten gegenübersteht (Dyck 1978).

Für die Trinkwasserversorgung aus zentralen Anlagen wird normalerweise Grundwasser bevorzugt. In vielen Versorgungsgebieten des Hügellandes, z. B. in den südlichsten Bezirken der DDR, fehlen breite Flußtäler mit grundwasserführenden Schottern und Kiesen weitgehend. Hier wird das Trinkwasser vor allem aus Talsperren gewonnen.

In Indien existieren Talsperren, die mehr als 3000 Jahre alt sind. Dagegen wurden in Mitteleuropa derartige Speicherbecken erst vom Beginn des 16. Jahrhunderts an errichtet. Sie dienten der Gewinnung von Brauchwasser für den Antrieb der Fördermaschinen des Bergbaus, vor allem im Erzgebirge und im Harz. Im damaligen deutschen Reich wurde erstmals 1871 in Chemnitz der Bau einer Trinkwassertalsperre erwogen. Diese wurde erst 1890 fertiggestellt, nachdem vorher schon eine Talsperre bei Remscheid errichtet worden war (Meyer 1937). — Heute existieren in den Ballungszentren der Bevölkerung und Industrie oftmals Trinkwasser-Verbundsysteme. Dadurch, daß bei Bedarf Wasser aus einem Einzugsgebiet in ein anderes übergeleitet werden kann, ist eine wesentliche Erhöhung der Versorgungssicherheit möglich. Die Abbildung 1 zeigt ein solches Verbundsystem, in das auch einige noch gut funktionierende Talsperren aus dem 16. bis 18. Jahrhundert einbezogen sind, die ursprünglich nur im Interesse des Bergbaus errichtet wurden. Künftig wird die Steuerung solcher Verbundsysteme nicht mehr allein nach der Wassermenge, sondern auch nach der Wasserbeschaffenheit erfolgen. Dadurch besteht die Möglichkeit, auch Wasser mit einem zu hohen Gehalt an bestimmten unerwünschten Inhaltsstoffen so weit mit Wasser anderer Zusammensetzung zu „verschneiden", daß ein den Anforderungen der Gewässeraufsicht und Hygiene entsprechendes Trinkwasser bereitgestellt werden kann.

Einfluß der Struktur und Nutzung des Einzugsgebietes auf die Wasserbeschaffenheit

Hinsichtlich der hygienischen Beschaffenheit des Trinkwassers sind unbesiedelte, vollständig bewaldete Einzugsgebiete am günstigsten. Diese Forderung konnte auch in der Vergangenheit nur ausnahmsweise verwirklicht werden (Abb. 2 links). Infolge des ständig steigenden Wasserbedarfs mußten besonders in den letzten Jahrzehnten auch Talsperren errichtet werden, deren Zuleiter durch Abwässer bzw. Pflanzennährstoffe belastet werden (Abb. 2 rechts). Obwohl durch Einrichtung von Schutzzonen

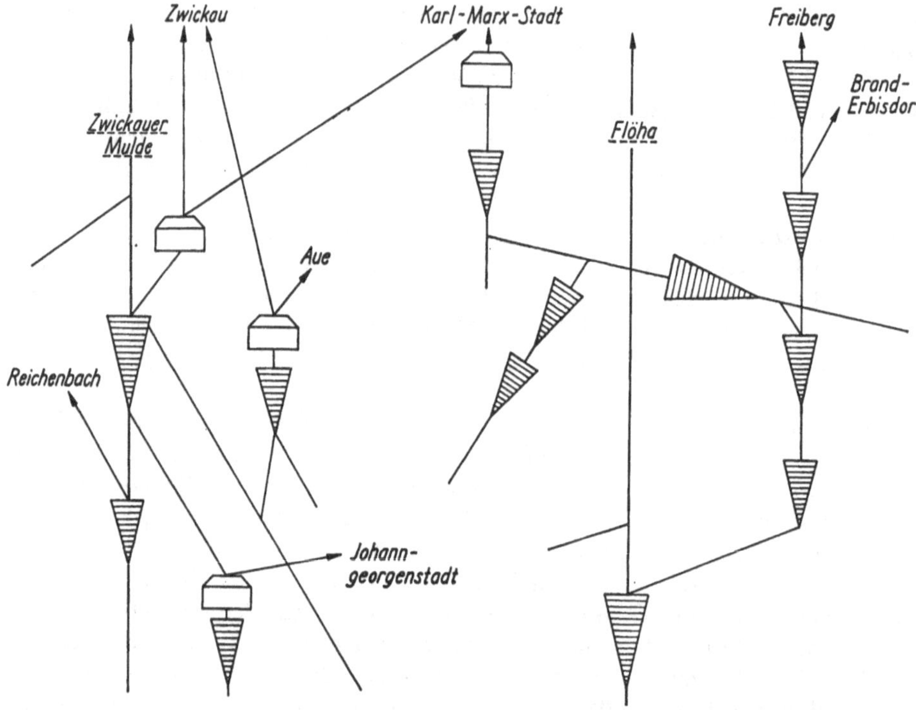

Abb. 1. Beispiel eines Talsperren-Verbundsystems, das in erster Linie der Trinkwasserversorgung, daneben auch der Niedrigwasseraufhöhung dient. In Anlehnung an ANDER und PÜTZ 1979, stark verändert.

die anthropogene Belastung des Trinkwassers in Grenzen gehalten werden kann, unterliegen solche Talsperren zeitweise einer nennenswerten Belastung mit

- Bakterien und Viren aus häuslichen Abwässern;
- Pflanzennährstoffen aus Abwässern und der Auswaschung landwirtschaftlicher Nutzflächen;
- verdrifteten oder abgeschwemmten Pflanzenschutz- und Schädlingsbekämpfungsmitteln;
- flüssigen Abprodukten der Großviehhaltung und der Gärfutterbereitung.

Unter den anthropogenen Faktoren, welche die Wasserbeschaffenheit ungünstig beeinflussen, stehen die Pflanzennährstoffe, d. h. die Stickstoff- und Phosphorverbindungen, meistens an erster Stelle (Abb. 3).

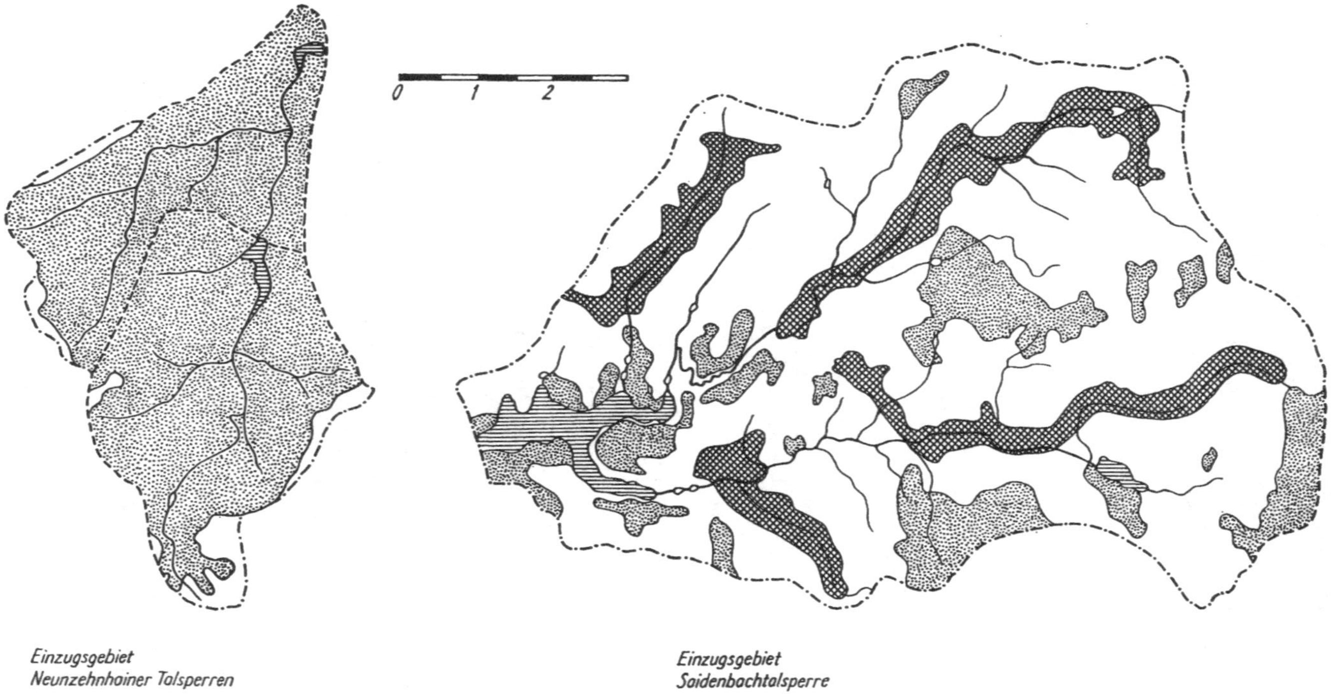

Abb. 2. Gegenüberstellung eines überwiegend bewaldeten (links) und eines überwiegend landwirtschaftlich genutzten und relativ dicht besiedelten Talsperren-Einzugsgebietes. Waagerecht schraffiert: Talsperren; grau: Wald; weiß: landwirtschaftliche Nutzflächen; kreuzschraffiert: Siedlungen. Skala: Kilometer (in Anlehnung an Höhne 1970).

Maßnahmen zur Verringerung der Nährstoffbelastung setzen voraus, daß deren Herkunft bekannt ist. Zu den *punktförmigen* Verunreinigungsquellen gehören vor allem häusliche Abwässer sowie überlaufende Stapelbecken für organischen Flüssigdünger (Gülle). Zu den *diffusen* Quellen zählen vor allem die Abschwemmung und Auswaschung von Nährstoffen aus landwirtschaftlichen Nutzflächen, aber auch von befestigten Flächen, z. B. Straßen. Da die Phosphorverbindungen im Boden größtenteils sorptiv oder durch echte Bindung festgelegt sind, ist eine Belastung der Gewässer mit Phosphor

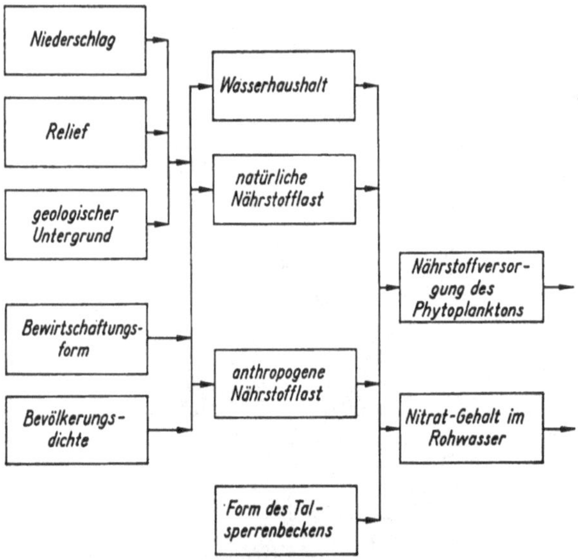

Abb. 3. Natürliche und anthropogene Haupteinflußgrößen der Nährstoffversorgung des Phytoplanktons (Eutrophierungspotential) sowie des Nitratgehaltes im Rohwasser von Trinkwassertalsperren.

aus diffusen Quellen weitgehend mit dem Verlust von Feinerde aus erosionsgefährdeten Flächen identisch. Jedoch spielt bei sehr stark begüllten Flächen auch die Auswaschung von gelösten P-Verbindungen eine zunehmende Rolle. Vielfach wird die Hauptbelastung mit Phosphor durch die häuslichen Abwässer repräsentiert.

Anders ist die Situation bei der Einschwemmung von Stickstoffverbindungen in die Zuleiter der Trinkwassertalsperren. Besonders das Nitrat ist, im Gegensatz zum Orthophosphat, sehr leicht auswaschbar. Die Auswaschung erfolgt vor allem bei der Schneeschmelze und nach Starkregen (WEGENER 1979). Durch Meliorationsmaßnahmen, welche die Steigerung der Hektarerträge zum Ziel haben (Verrohrung von Bächen, bessere Durchlüftung des Bodens infolge Absenkung des Grundwasserspiegels), wird die mikrobielle Oxydation der N-Verbindungen zu Nitrat und dessen Transport in das Grundwasser zusätzlich noch stark begünstigt. Natürlich ist die Landwirtschaft prinzipiell an der Verringerung dieser Düngerverluste interessiert, doch eine schnelle Umsetzung des Dünger-Stickstoffs in Pflanzenmasse ist nur in der relativ kurzen Vegetationsperiode möglich. Wie Abbildung 4 zeigt, besteht eine deutliche Beziehung zwischen Anteil der landwirtschaftlichen Nutzfläche einerseits und durchschnittlichem

Nitratgehalt in der Talsperre andererseits. Man erkennt aber auch, daß die entsprechende Regressionsgerade bereits 1975 wesentlich steiler verläuft als 1964. Da sich diese Tendenz infolge der Notwendigkeit, zwecks weiterer Steigerung der Hektarerträge die Düngermengen zu erhöhen, in den letzten Jahren verstärkt fortgesetzt hat, kann in einigen Einzugsgebieten mit hohem Anteil an landwirtschaftlichen Nutzflächen zeitweise der für Trinkwasser vorgeschriebene Nitrat-Grenzwert von 40 mg/l (als NO_3^-) überschritten werden. Die nachträgliche Entfernung eines gesundheitlich bedenklichen Nitratüber-

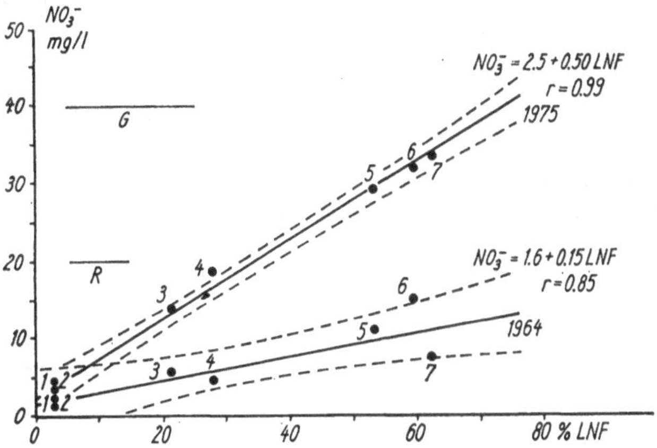

Abb. 4. Beziehung zwischen mittlerem Nitratgehalt im Talsperrenwasser und dem Anteil landwirtschaftlicher Nutzflächen an der Gesamtfläche des Einzugsgebietes von 7 Trinkwassertalsperren

schusses bei der Trinkwasseraufbereitung ist aber mit außerordentlich hohen Kosten verbunden. Deshalb verdienen alle Verbesserungen in der Auswahl der Düngermengen, Düngungstermine, Fruchtarten, Fruchtfolgen und von Technologien der Bodenbearbeitung, die eine Verringerung der Nitratverluste bewirken, großes volkswirtschaftliches Interesse. Entsprechendes gilt auch für Verluste von Feinerde und gebundenem Phosphor infolge Wasser- und Winderosion.

Das Ökosystem „Talsperre“

Die Beschaffenheit des aus einer Trinkwassertalsperre gewonnenen Rohwassers ist ein Spiegelbild der Struktur und Nutzung des Einzugsgebietes. Bei dem Nitrat, sofern es in stark erhöhter Konzentration vorhanden ist, besteht die Möglichkeit, die im Ablauf der Talsperre zu erwartende Konzentration vorherzusagen, wenn ausreichende Informationen über das Einzugsgebiet (Anteil der landwirtschaftlichen Nutzfläche, Düngergaben pro ha, Niederschlags- bzw. Abflußmengen) vorliegen (vgl. Abb. 4). Bei der Eutrophierung hingegen, d. h. einer unerwünschten Verschlechterung der Rohwasserbeschaffenheit infolge Massenentwicklung von Algen oder höheren Wasserpflanzen, ist eine so einfache Transformation nicht möglich. Der dafür meistens ausschlaggebende Pflanzennährstoff, das gelöste Orthophosphat, gelangt nur in so niedriger Konzentration in das Trinkwasser, daß er keinerlei Bedeutung als gesundheitlich bedenklicher Wasserinhaltsstoff erlangen könnte. Von praktischer Bedeutung sind vielmehr ausschließlich die indirekten Auswirkungen auf das Phytoplanktonwachstum:

1. Verfärbung bzw. Trübung des Wassers, dadurch stark erhöhte Belastung der Filter (Energie- und Wasserverluste durch zu häufige Rückspülung der Filter, im Extremfall totale Überlastung der Filteranlagen);
2. Anreicherung des Wassers mit Stoffwechselprodukten, die einen störenden Geruch („Beigeschmack") des Wassers hervorrufen; bei der notwendigen Desinfektion mit Chlor Entstehung von gesundheitlich bedenklichen Organohalogenverbindungen (z. B. Chloroform);
3. Sauerstoffschwund im Tiefenwasser der Talsperre infolge Überlastung mit organischen Substanzen (Phytoplankton-Biomasse, die bei dem hier herrschenden Lichtmangel dem Abbau durch Mikroorganismen unterliegt). Dadurch Anreicherung des Wassers mit Stoffen, welche die Korrosion oder Krustenbildung in Wasserwerksanlagen, insbesondere im Rohrnetz, fördern: aggressive Kohlensäure, gelöstes Eisen und/oder Mangan, Schwefelwasserstoff.

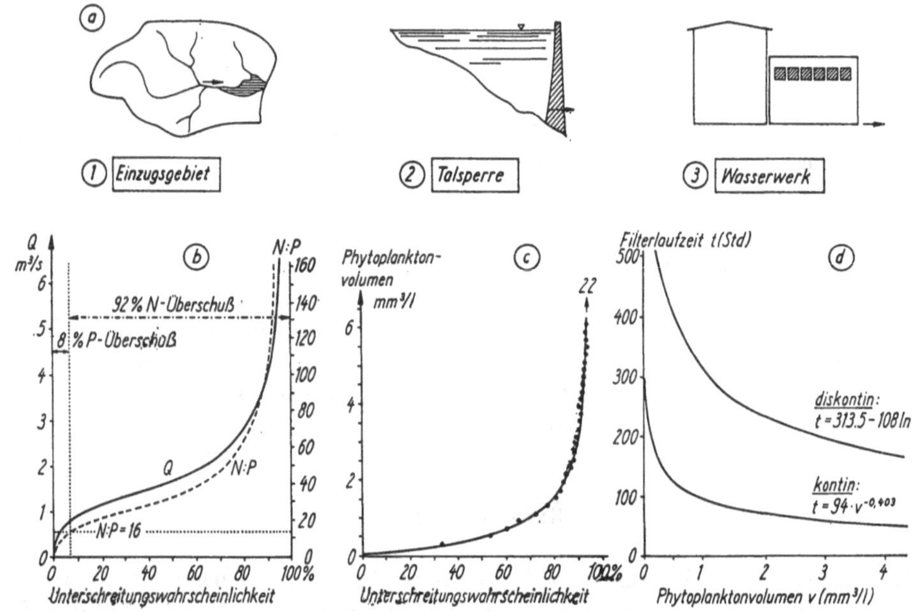

Abb. 5. a) Das wasserwirtschaftliche System Einzugsgebiet—Talsperre—Wasseraufbereitung mit Beispielen (b bis d) für Kriterien der Wasserbeschaffenheit, die für die jeweilige Systemebene kennzeichnend sind. b) Dauerlinie für Abfluß und N/P-Massenverhältnis (Nitrat/gelöstes Orthophosphat) im Zuleiter einer Trinkwassertalsperre (nach UHLMANN und BENNDORF 1980). c) Wahrscheinlichkeit des Auftretens einer bestimmten Phytoplanktondichte (als Zellvolumen) auf der Grundlage einer mehrjährigen Meßreihe. Nach H. HORN, unveröff. d) Abhängigkeit der Filterlaufzeit von der Phytoplanktondichte bei unterschiedlicher Betriebsführung. Berechnet nach Zahlenangaben bei BEUSCHOLD (1975).

Die Beschaffenheit des in der Talsperre gestauten Wassers ist nur vorhersagbar, wenn ausreichende Kenntnisse über die physikalische und biologische Struktur des Talsperren-Ökosystems und die wichtigsten intrabiozönotischen Wechselbeziehungen vorliegen. Liegen diese Informationen vor, können die im Ökosystem ablaufenden Prozesse auch verändert, kann die Wasserbeschaffenheit durch großtechnische Maßnahmen verbessert werden. In der Abbildung 5a ist das Gesamtsystem Einzugsgebiet/Talsperre/Wasseraufbereitungsanlage dargestellt. In der Richtung des Wasserstromes ($1 \rightarrow 2 \rightarrow 3$) ändert sich auch die Wasserbeschaffenheit (Wetzel 1969). Sie kann sich durch biologische Selbstreinigungsprozesse verbessern, aber auch durch den Anstau des Wassers und das damit verbundene Phytoplanktonwachstum verschlechtern (Eutrophierung). Die Abbildung 5d zeigt, in welch starkem Maße im Wasserwerk die Filterlaufzeit von der Belastung mit Phytoplankton abhängt. Ist die in Abbildung 5a dargestellte Dauerlinie des Phytoplanktongehaltes bekannt, läßt sich auch die Wahrscheinlichkeit abschätzen, mit der eine bestimmte Filterlaufzeit unterschritten wird. In Abbildung 5b ist das Verhältnis zwischen gelösten N- und P-Verbindungen, den wichtigsten Pflanzennährstoffen, dargestellt. Man erkennt, daß über 92% der Zeit (pro Jahr sind das 336 Tage) die gelösten Stickstoffverbindungen im Überschuß vorhanden sind. Nur in 8% der Zeit (29 Tage) wird das für das Phytoplanktonwachstum optimale N:P-Verhältnis von 16:1 unterschritten. Sanierungsmaßnahmen im Einzugsgebiet haben sich einerseits auf die Verringerung der N-Dünger-Verluste aus landwirtschaftlichen Nutzflächen zu konzentrieren, andererseits auf die für das P-Angebot maßgebende Verringerung der Abwasserbelastung.

Es ist nicht möglich, die in Abbildung 5c dargestellte Kurve aus der Dauerlinie für den N- und P-Import (5b) zu berechnen. Eine Vorhersage, wie Eutrophierungsprozesse und speziell das Phytoplanktonwachstum auf eine Verringerung oder Erhöhung der Nährstoffbelastung reagieren, setzt vielmehr eine weitgehende Kenntnis der für das Talsperren-Ökosystem maßgebenden Kausalbeziehungen voraus.

Die Abbildung 6 zeigt das atomare Masseverhältnis der Elemente Kohlenstoff, Stickstoff und Phosphor für Phytoplankton-Biomasse durchschnittlicher Zusammensetzung. Eine „ideale“ Nährlösung für Algen müßte diese drei Elemente in der gleichen Proportion enthalten (Uhlmann und Albrecht 1968). Hingegen zeichnet sich die Nährstoffkomposition der Saidenbachtalsperre (Abb. 6) und vieler anderer Trinkwassertalsperren dadurch aus, daß im Vergleich zu den gelösten anorganischen Kohlenstoffverbindungen der Stickstoff im Überschuß vorhanden ist, während (Orthophosphat)-Phosphor als Mangelfaktor auftritt. Damit wird das Phosphat zu dem in erster Linie wachstumsbegrenzenden Faktor. Setzt man die Stickstoffkonzentration, die dem „idealen“ Atommasseverhältnis C:N = 106:16 entspricht, gleich 1, so wäre bei nur 8N-Äquivalenten die relative Konzentration nur halb so groß, also gleich 0.5, und bei 32N-Atomen gleich 2. Ebenso kann man bei einem Masseverhältnis 106:16:1 dem Phosphor die Relativkonzentration 1 zuordnen. Wie Abbildung 7 zeigt, liegt die Relativkonzentration des Phosphors in der Saidenbachtalsperre selbst im Winter (kein Verbrauch durch Algen) bei 0.1, zur Zeit der Frühjahrs-Massenentwicklung des Phytoplanktons sogar unter 0.01, also um zwei Größenordnungen unter dem Wert, der gemäß dieser vereinfachenden Darstellung für die vollständige Ausnutzung des Kohlenstoff-Angebots erforderlich wäre. Die jahreszeitliche Periodizität sowie die unter 0.1 liegende Relativkonzentration zeigen, daß im Verhältnis zu C und N hier der Phosphor als „Minimumfaktor“ (Liebig) auftritt. Die gleiche Darstellung zeigt auch, daß, bezogen auf den anorganischen Kohlenstoff, der Stickstoff (im wesentlichen Nitrat) das ganze Jahr über im Überschuß vorhanden ist. Eine nennenswerte jahreszeitliche Veränderung durch das Phytoplanktonwachstum ist nicht zu erkennen und bei der sehr hohen Konzentration auch nicht zu erwarten. Der starke Nitratüberschuß ist auch dadurch mit bedingt, daß nicht genug Phosphor vorhanden ist, um so große N-Mengen durch Einbau in Algen-Biomasse oder durch mikrobielle N-Abgasung unter Nutzung von abgestorbener Algen-Biomasse als Reduktionsmittel aus dem Wasserkörper ent-

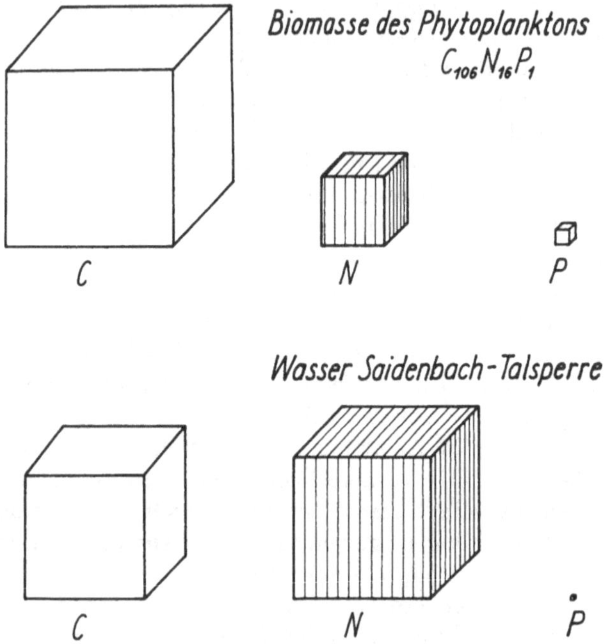

Abb. 6. Vergleich der durchschnittlichen Komposition der Hauptnährstoffe Kohlenstoff, Stickstoff und Phosphor in Phytoplankton-Biomasse mittlerer Zusammensetzung (UHLMANN und ALBRECHT 1968) mit dem durchschnittlichen Verhältnis C:N:P (gelöster anorganischer Anteil) im Wasser der Saidenbachtalsperre (nach Meßwerten von Dr. W. HORN).

fernen zu können. Vielmehr ist in diesen verhältnismäßig kalten und sauerstoffreichen Gewässern bei dem extrem hohen Import der biogene Nitratverbrauch kaum höher als 10%. Im Hinblick auf die Verringerung des Ausmaßes von Phytoplankton-Massenentwicklungen muß sich die Bewirtschaftung des Einzugsgebietes und der Talsperre offensichtlich darauf konzentrieren, die schon bestehende Disharmonie in der Nährstoffkomposition zu nutzen und die Relativkonzentration des wachstumsbegrenzenden Phosphats noch weiter zu verringern. Dafür kommen in Frage: a) eine Verringerung des P-Imports, b) eine Vergrößerung des Exports, c) eine Verringerung des Gehaltes im Gewässer, z. B. durch Zugabe von Fällmitteln.

Eine nennenswerte Anreicherung von gelöstem Orthophosphat im Wasserkörper ist zu erwarten, wenn den Phytoplanktern nicht genügend Licht zur Verfügung steht. Das ist im Winter sowie in den unteren, nicht durchlichteten Wasserschichten (Hypolimnion) der Fall. Da bei Talsperren, von Hochwasserperioden abgesehen, die Wasserabgabe normalerweise aus dem Hypolimnion erfolgt, kann auf diese Weise auch das sich dort anreichernde gelöste Orthophosphat teilweise mit entfernt werden. Dagegen gelangt in Seen dieses Phosphat spätestens in der nächsten Zirkulationsperiode (Frühjahr bzw. Herbst) wieder in die oberen, durchlichteten Wasserschichten. Es kann sich demnach in weitaus größerem Maße im Gewässer akkumulieren und im Kreislauf genutzt werden (Abb. 8). Im Gegensatz zu den meisten Seen des Flachlandes fehlt den

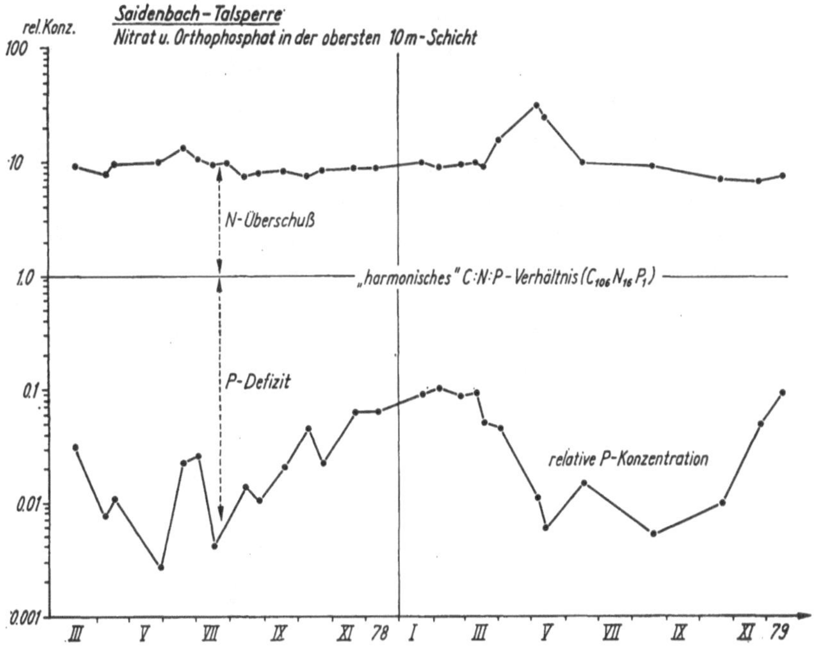

Abb. 7. Relative (dimensionslose) Konzentration des Nitrat-Stickstoffs (oben) und des gelösten Orthophosphats (unten) in der oberen 10-m-Schicht der Saidenbachtalsperre.

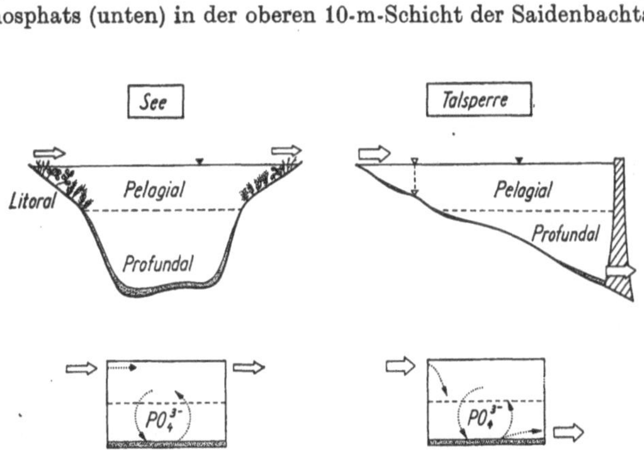

Abb. 8. Schematisches Längsprofil eines Sees mit Makrophytengürtel und Oberflächen-Abfluß im Vergleich zu einer Talsperre mit Abfluß aus dem Hypolimnion und fehlendem Pflanzengürtel. Unten: Einfluß der unterschiedlichen physikalischen Struktur auf den Phosphorkreislauf.

Talsperren auch, infolge der häufigen Wasserstandsschwankungen, ein Gürtel von höheren Wasserpflanzen. Dieser dient im See als Nährstoffspeicher und trägt zusätzlich dazu bei, daß dem System in viel geringerem Maße Orthophosphat durch den Abfluß verlorengehen kann, als das bei Talsperren der Fall ist. Auf Änderungen des Phosphatimports, insbesondere eine Verringerung (Sanierung des Einzuggebietes) reagiert ein Talsperren-Ökosystem normalerweise schneller und empfindlicher als ein nährstoffreicher See, der gegen Oligotrophierungsmaßnahmen besser gepuffert ist.

Ein unerwünscht hoher Gehalt an Phytoplankton zeigt nicht nur an, daß Orthophosphat, andere Nährstoffe sowie weitere Wachstumsfaktoren (Licht, Temperatur) in ausreichender Konzentration bzw. Intensität zur Verfügung stehen, sondern auch, daß die Verluste durch Gefressenwerden gering sind. Viele Phytoplankter dienen nämlich den Zooplanktern als Hauptnahrung. Zusätzlich zur Verringerung des Phosphatangebotes kann auch die Vergrößerung der Verluste durch Fraß als eine Bewirtschaftungsstrategie genutzt werden. Die meisten in der Freiwasserregion der Talsperren und Seen vorherrschenden Zooplankter spielen eine bedeutende Rolle als Filterautomaten. Beispielsweise ist die Filterleistung von *Daphnia hyalina* in der Saidenbachtalsperre bei einer Massenentwicklung immerhin so groß, daß im Mittel das gesamte Wasser der Talsperre im Zeitraum von nur drei Tagen einmal „durchfiltriert“ wird (HORN 1978). Die Abbildung 9 soll einen Eindruck vom Leistungsvermögen dieser

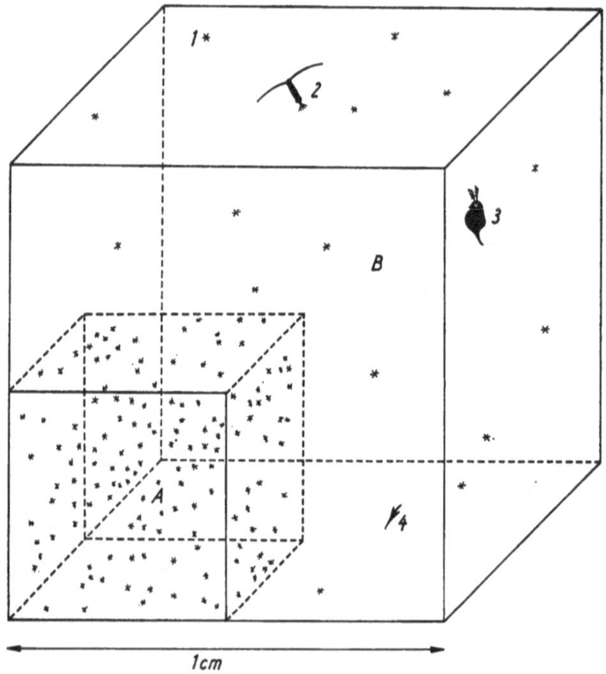

Abb. 9. Versuch der räumlichen Darstellung einer Massenentwicklung (A) von planktischen Kieselalgen der Gattung *Asterionella* ((1); 9,2 Mio Zellen pro l) in der Trinkwassertalsperre Saidenbach) im Vergleich zu einem „Klarwasserstadium“ (B) mit Massenentwicklung von Zooplankton (Kleinkrebse *Daphnia hyalina* (3) und *Eudiaptomus gracilis* (2)), Rädertier *Notholca longispina* (4), je 1000 Individuen pro l.

Zooplankter vermitteln. Die mittlere optimale Bestandsdichte liegt bei etwa einem Individuum pro ml Wasser. Dieses ist in der Lage, das entsprechende Wasservolumen „klarzufiltrieren". Mit einer Bestandsdichte (Biovolumen), die nur wenige Prozent des Biovolumens einer Phytoplankton-Massenentwicklung beträgt, kann demnach das Zooplankton ein „Klarwasserstadium" aufrechterhalten. Diese Beschaffenheitsverbesserung entspricht der einer leistungsfähigen Filteranlage (Uhlmann 1958, 1980). Im linken Teil der Abbildung 9 ist die Bestandsdichte der für den Wasserwerksbetrieb besonders ungünstigen planktischen Kieselalge *Asterionella formosa* dargestellt, wie sie bei ausgesprochenen Massenentwicklungen zu beobachten ist. Eine solche Spitzenbelastung der Filteranlagen ergibt sich vor allem im Frühjahr, in einer Zeit, in der die Bestandsdichte des Zooplanktons noch weit von dem möglichen Maximum entfernt ist. Es liegt nahe, die Leistungsfähigkeit des durch das Zooplankton repräsentierten biologischen Filtersystems mit mechanischen Filteranlagen zu vergleichen (Abb. 10). Bei b) und c) handelt es sich um Flächenfilter (Siebfilter), dagegen bei a) um ein Raumfilter. Die Rückhaltung der Kieselalgen (im Bild dargestellt ist *Asterionella*) durch Schnellsandfilter (a) erreicht durchaus einen Wirkungsgrad von 70 bis 80%. Das ist aber für viele Zwecke noch nicht ausreichend. Der in b) dargestellte Mikrosiebfilter entspricht zwar bei weitem noch nicht der kleinsten im Handel angebotenen Maschenweite, so feinmaschige Filter sind jedoch sowohl in der Anschaffung als auch im Betrieb sehr teuer. Der Borstenbesatz an den Beinen von *Daphnia hyalina* (und anderen „Wasserflöhen")

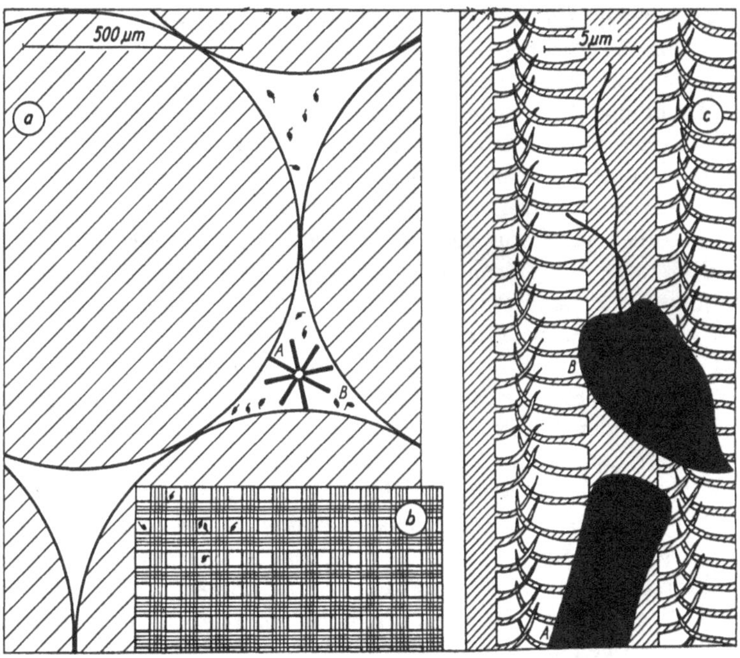

Abb. 10. Schematische Gegenüberstellung zweier großtechnischer Filtersysteme (Schnellsandfilter a) und Mikrosiebfilter b)) und der Feinstruktur des Filterapparates (Borstenbesatz der Beine) des Kleinkrebses *Daphnia hyalina*, gezeichnet nach einem REM-Foto (Geller u. Müller 1980.) Beispiele für charakteristische Phytoplankter: Kieselalge *Asterionella* (A) und Geißelalge *Rhodomonas* (B).

zeichnet sich durch eine im Vergleich zu Mikrosiebfiltern sehr geringe Maschenweite aus. Bei Jungtieren betragen die kleinsten Abstände zwischen den Borsten nur ca. 0.2 μm. Dadurch ist eine wirkungsvolle Rückhaltung nicht nur von Kleinalgen, sondern selbst von Bakterien möglich. Dadurch, daß diese Filterextremitäten nach dem Prinzip einer Druck/Saug-Pumpe mit einer Frequenz von 3 bis 5 Schlägen pro Sekunde bewegt werden, ist gleichzeitig die automatische Rückspülung des Filters gewährleistet. Die maximale Filterleistung entspricht einer hydraulischen Belastung von rd. 65 m Wassersäule pro mm^2 Filterfläche und Tag. Das ist weit weniger als bei den in a) und b) abgebildeten Filtersystemen. Dafür ist bei dem biologischen Filter nicht nur der Filterwiderstand (äußerst geringe Maschenweite), sondern auch der prozentuale Wirkungsgrad (Bakterienfilter!) wesentlich höher.

Vorhersage der Wasserbeschaffenheit als Grundlage für Sanierung und Bewirtschaftung von Talsperren

Für die Sanierung des Einzugsgebietes und für Eingriffe in den Stoffhaushalt des Gewässers steht heute eine breite Palette von großtechnischen Möglichkeiten zur Verfügung (KLAPPER 1980, BERNHARDT 1981). Soweit es sich um Maßnahmen gegen die Eutrophierung handelt, ist die Auswahl der erfolgversprechendsten Technologien vor allem davon abhängig, in welcher Konzentration der in erster Linie wachstumsbegrenzende Pflanzennährstoff (bei Talsperren fast immer das Phosphat) bereits im Gewässer vorhanden ist, und in welchem Umfang das Phytoplanktonwachstum durch Sanierung des Einzugsgebietes entscheidend verringert werden kann. Für eine erste Orientierung dient die in Abbildung 11 dargestellte Abhängigkeit der Phytoplanktonproduktion von der Phosphatkonzentration. Der Nutzeffekt, d. h. die erzielbare Verringerung der Phytoplanktonproduktion, ist im niedrigen Konzentrationsbereich des Phosphates sehr hoch und im sehr hohen Konzentrationsbereich sehr niedrig. Da die Sanierung des Einzugsgebietes auch im Bezug auf andere gesundheitlich relevante Wasserinhaltsstoffe von Bedeutung ist, die nichts mit der Eutrophierung zu tun haben (Nitrat, Krankheitserreger in Fäkalabwässern), steht diese hinsichtlich ihrer Notwendigkeit bei Trinkwassertalsperren nicht zur Diskussion. Ebenso wichtig ist aber die Beantwortung der Frage, inwieweit durch diese Sanierungsmaßnahmen auch die Phosphorbelastung auf das zu fordernde Maß reduziert werden kann (BERNHARDT und CLASEN 1979). Mit ausdauernden Massenentwicklungen des Phytoplanktons ist mit sehr hoher Wahrscheinlichkeit dann zu rechnen, wenn der Gesamt-Phosphorgehalt im Wasserkörper mehr als 0.02 mg/l beträgt. Andererseits beträgt der P-Gehalt kommunaler Abwässer oft mehr als 5 mg/l. Diese Gegenüberstellung zeigt, daß an den Wirkungsgrad der Abwasserbehandlung bzw. P-Rückhaltung im Einzugsgebiet von Talsperren und Seen sehr hohe Anforderungen gestellt werden müssen. In Abbildung 12 ist am Beispiel von Talsperren in der DDR die Raumbelastung mit Orthophosphat der hydraulischen Belastung gegenübergestellt. Für eine stabile Trinkwasserversorgung ist der oligotrophe Zustand weitaus am günstigsten. Bei Talsperren in besiedelten Einzugsgebieten muß durch Sanierungsmaßnahmen mindestens der mesotrophe Zustand erreicht werden. Man erkennt am Beispiel der Talsperre Eibenstock, daß hier eine 90%ige Verringerung der P-Belastung zu diesem Zustand führt. Hingegen wäre die (Brauchwasser)talsperre Bautzen nach einer 90%igen Abnahme der P-Belastung noch immer eutroph. Hier ist der Phosphorgehalt des Hauptzuleiters besonders hoch. In einem solchen Fall bietet die in Abbildung 13 dargestellte Manipulation der Nahrungskette (Förderung des als Biofilter wirkenden Zooplanktons durch Regulation des Fischbestandes) die größeren Erfolgschancen, zumindestens als Übergangslösung. Die weitergehende Abwasserbehandlung im Einzugsgebiet (mit P-Elimination) und die Manipulation der Freßketten sind nur zwei Beispiele für großtechnische Maßnahmen. Weitere

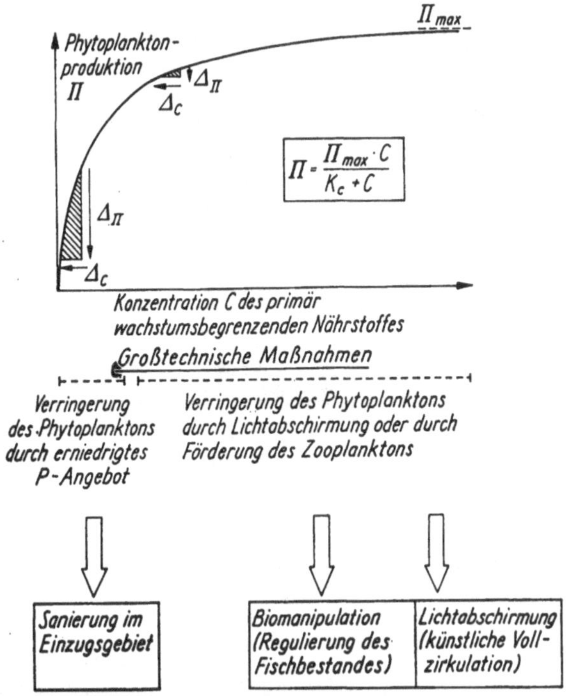

Abb. 11. Beispiele für günstige Einsatzbereiche großtechnischer Maßnahmen zur Verbesserung der Wasserbeschaffenheit. *Biomanipulation:* siehe auch Abbildung 13. *Lichtabschirmung:* gleichmäßige Verteilung des Phytoplanktons über die gesamte Wassersäule tiefer Speicherbecken, dadurch Verweilzeit im obersten, gut durchlichteten Horizont nicht mehr ausreichend für Phytoplankton-Massenentwicklungen.

mögliche Eingriffe zur Verbesserung der Wasserbeschaffenheit sind u. a. die Belüftung des unteren Wasserkörpers, des Hypolimnions, die Umwälzung des gesamten Wasserkörpers sowie die Zugabe von P-bindenden Fällmitteln (Klapper 1980). Da die volkswirtschaftlich günstigste Lösung in einer optimalen *Kombination* von Maßnahmen im Einzugsgebiet, im Gewässer und bei der Wasseraufbereitung besteht (vgl. Abb. 5), muß ein geeignetes Instrument zur Verfügung stehen, das objektiv begründete Entscheidungen über einen so außerordentlich komplexen Sachverhalt ermöglicht. Dieses Ziel kann mit Hilfe von mathematischen Modellen für die drei in Abbildung 5 dargestellten Teilsysteme erreicht werden. Die Reaktion des Talsperren-Ökosystems auf Änderungen wesentlicher Eingangsgrößen läßt sich mit Hilfe eines dynamischen ökologischen Modells beschreiben (Straskraba 1979, Benndorf 1980). In der Abbildung 14 ist die Struktur des im Bereich Hydrobiologie der Sektion Wasserwesen der TU Dresden

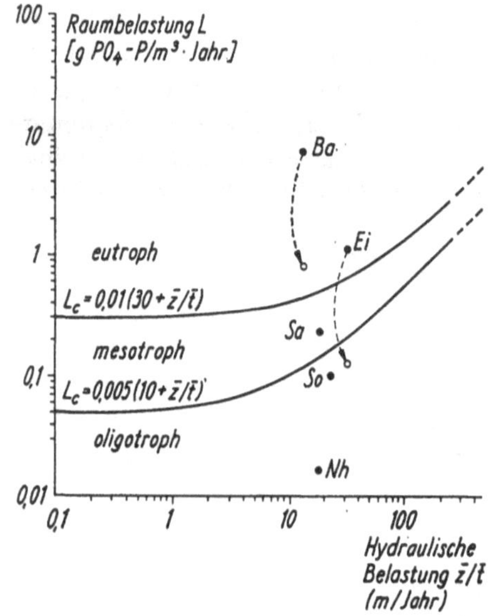

Abb. 12. Der Trophiegrad von einigen Talsperren in Abhängigkeit von der Belastung mit Orthophosphat und der Wassererneuerung (hydraulische Belastung). Kurven berechnet nach dem von VOLLENWEIDER (1976) entwickelten Ansatz. L_c = kritische Belastung, $\bar{z}$ = mittlere Tiefe des Wasserkörpers, $\bar{t}$ = mittlere theoretische Verweilzeit des Wassers. Ba = Talsperre Bautzen. Trinkwassertalsperren: Ei = Eibenstock, Sa = Saidenbach, So = Sosa, Nh = Obere Talsperre Neunzehnhain. Die Pfeile bei Ba und Ei kennzeichnen die Änderung der Trophie bei einer 90%igen Verringerung der Phosphorbelastung. Kombiniert nach BENNDORF (1980) und BENNDORF, UHLMANN und PÜTZ (1981).

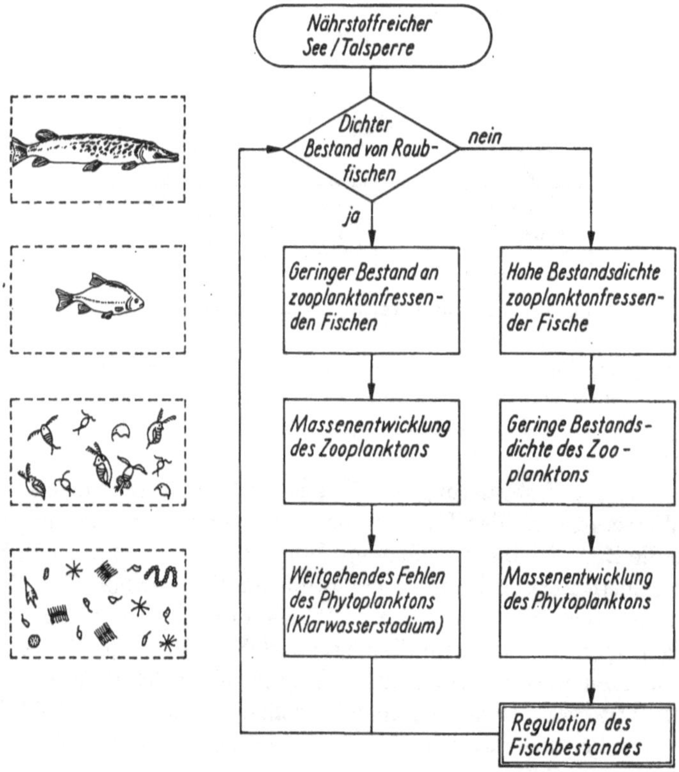

Abb. 13. Möglichkeiten der Manipulation einer Nahrungskette (Veränderung des Besatzes mit Raubfischen) mit dem Ziel der Veränderung der Wasserbeschaffenheit.

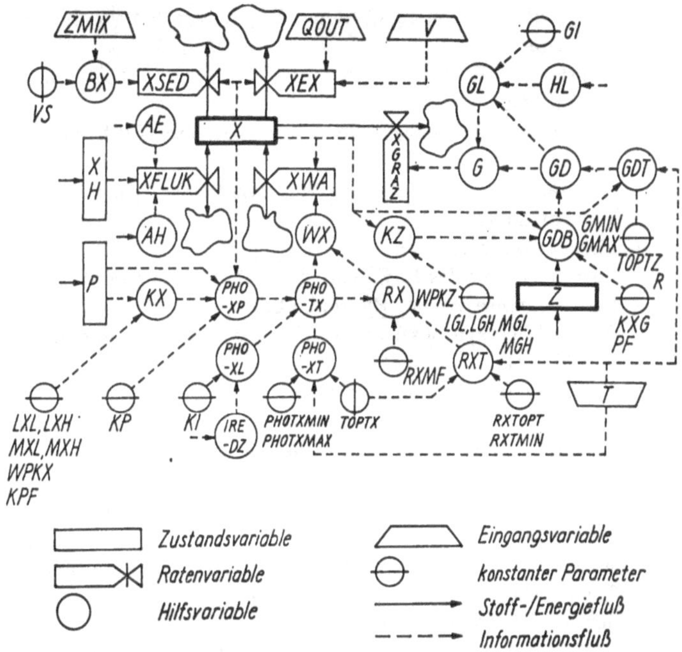

Abb. 14. Ausschnitt aus der Struktur des dynamischen Modells SALMO mit den Einflußgrößen der Zustandsvariablen PHYTOPLANKTON (X). Nach RECKNAGEL und BENNDORF (1981).

AE	– Wasseraustausch zwischen Oberflächen- und Tiefenschicht bezüglich der Tiefenschicht
AH	– Wasseraustausch zwischen der Oberflächen- uud Tiefenschicht bezüglich der Oberflächenschicht
BX	– Sedimentationsrate des Phytoplanktons
G	– Freßrate des Zooplanktons
GD	– Freßrate bei Dunkelheit
GDB	– Biomasseterm für Freßrate bei Dunkelheit
GDT	– Temperaturterm für Freßrate bei Dunkelheit
GI	– Lichthemmungsfaktor für Zooplankton
GMIN	– Freßrate bei einer Temperatur nahe 0 °C
GMAX	– maximale Freßrate
HL	– Tageslänge in Stunden
IREDZ	– Lichtintensität in einer Tiefe Z
KI	– Halbsättigungskonstante für Beziehung zwischen Licht und Photosyntheserate
KP	– Halbsättigungskonstante für Beziehung zwischen Phosphat und Photosyntheserate
KPF	– Halbsättigungskonstante für Präferenzverhalten des Zooplanktonfraßes
KX	– Halbsättigungskonstante für Beziehung zwischen Photosyntheserate und Phytoplanktonbiomasse
KXG	– Halbsättigungskonstante für Beziehung zwischen Phytoplanktonbiomasse und Freßrate
KZ	– Halbsättigungskonstante für Beziehung zwischen Freßrate und Zooplanktonbiomasse

LGH, MCH	– Konstante für Abhängigkeit des Parameters KZ von hoher Phytoplanktonbiomasse
LGL, MGL	– Konstante für Abhängigkeit des Parameters KZ von niedriger Phytoplanktonbiomasse
LXH, MXH	– Konstante für Abhängigkeit des Parameters KX von hoher Phosphatkonzentration
LXL, MXL	– Konstante für Abhängigkeit des Parameters KX von niedriger Phosphatkonzentration
P	– Phosphatkonzentration
PF	– Verwertbarkeit des Phytoplanktons als Nahrung des Zooplanktons
PHOTX	– Photosyntheserate des Phytoplanktons
PHOTXMAX	– Brutto-Photosyntheserate bei 0 °C und Optimalbedingungen bezüglich Licht und Phosphat
PHOXL	– Lichtterm der Photosyntheserate
PHOXP	– Phosphatterm der Photosyntheserate
PHOXT	– Temperaturterm der Photosyntheserate
QOUT	– Wasserabfluß
R	– Konstante für Temperaturabhängigkeit der Freßrate
RX	– Respirationsrate des Phytoplanktons
RXMF	– Anteil der Brutto-Photosynthese, der zusätzlich veratmet wird
RXT	– Temperaturterm der Respirationsrate
RXTMIN	– minimale Respirationsrate nahe 0 °C
RXTOPT	– Respirationsrate bei Optimaltemperatur für Phytoplanktonwachstum
T	– Temperatur
TOPTZ	– Optimaltemperatur für Freßtätigkeit des Zooplanktons
V	– Volumen des Wasserkörpers
VS	– Sinkgeschwindigkeit
WPKX	– Wendepunkt der Funktion KX (P)
WPKZ	– Wendepunkt der Funktion KZ (X)
WX	– Wachstumsrate des Phytoplanktons
X	– Phytoplankton-Biomasse
XEX	– Phytoplanktonimport und -export
XFLUK	– Phytoplanktonaustausch zwischen Oberflächen- und Tiefenschicht
XGRAZ	– Verluste des Phytoplanktons durch Fraß
XH	– Phytoplankton in der Tiefenschicht
XSED	– Phytoplanktonsedimentation
XWA	– Phytoplanktonwachstum
Z	– Zooplankton-Biomasse
ZMIX	– Durchmischungstiefe

entwickelten kausalanalytischen Modells „SALMO“ dargestellt. Dieses gründet sich auf umfangreiche Ergebnisse mehrjähriger Freilandmessungen, Freilandexperimente und Laborversuche. Berücksichtigt sind nur wenige, aber für die Wasserbeschaffenheit ausschlaggebende Zustandsvariable wie Phosphorverbindungen, Phytoplankton, Zooplankton. Hinsichtlich der Kausalbeziehungen und intrabiozönotischen Regulationsmechanismen ist dieses relativ kleine Modell gut ausgestattet. Die systematische Prüfung der Gültigkeitsgrenzen erfolgte anhand von unabhängigen Meßreihen, die nicht schon bei der Entwicklung des Modells verwendet worden waren. Für ingenieurtechnische Alternativentscheidungen zur Bewirtschaftung von Talsperren-Ökosystemen hat sich die Szenarioanalyse (Abb. 15) besonders gut bewährt. Sie gestattet zumindestens hinsichtlich der Richtung der zu erwartenden Änderungen der Wasserbeschaffenheit Aussagen, die wesentlich genauer sind als die Ergebnisse der bisher verfügbaren Methoden. Dadurch können Entscheidungen über Sanierungsmaßnahmen (Wertumfang oftmals mehr als 50 Mio Mark) besser begründet werden (BENNDORF, UHLMANN und PÜTZ 1981). Die Szenarioanalyse ermöglicht auch ein rechtzeitiges Erkennen von Extremsituationen.

Eingriffe des Menschen in die Stoffhaushalt- und Stofftransportprozesse der Biosphäre erfolgten bis jetzt fast ausschließlich nach der Methode von Versuch und Irr-

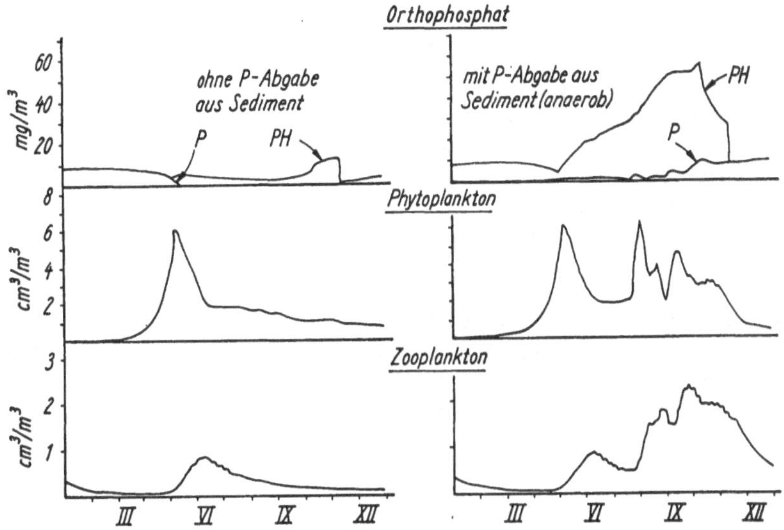

Abb. 15. Simulierte Jahresgänge des Phytoplankton- und des Zooplanktongehaltes in der Talsperre Saidenbach bei unterschiedlicher Rückführung von Orthophosphat aus dem Bodensediment in den Kreislauf (erreicht erhebliches Ausmaß bei Sauerstoffschwund im Tiefenwasser: „rasante Eutrophierung"). P = Orthophosphatgehalt in der oberen Schicht. PH = Orthophosphatgehalt im Tiefenwasser. Nach BENNDORF (1980).

tum. Dort, wo die Nutzung der Naturressourcen bereits ein großes Ausmaß erreicht hat, gehen unvorhergesehene Neben- und Langzeitwirkungen von Investitionen im Territorium oft mit großen volkswirtschaftlichen Verlusten einher. Bei so komplexen, schwer zu überschauenden Systemen umfaßt die Spanne zwischen Erwartung und Realität oft eine ganze Größenordnung. Daß die ökologischen Modelle trotz der ihnen zweifellos noch anhaftenden Mängel dazu beitragen, diese Spanne sehr wesentlich zu verringern, ist ein Ausdruck dafür, daß sich die für ihre Entwicklung erforderlichen Aufwendungen gelohnt haben. Es liegt zweifellos im gesamtgesellschaftlichen Interesse, bei der Verbesserung der Wasserbeschaffenheit vor allem jene Faktoren und Ursachen in den Griff zu bekommen, die weit vom Wirkungsort entfernt sind. Obwohl eine den staatlichen Standards entsprechende Wasserbeschaffenheit durch Optimierungsmaßnahmen erreicht werden könnte, die sich nur auf eines der in Abbildung 5 dargestellten drei Teilsysteme, beispielsweise die Wasseraufbereitung (Näheres s. WIEGLEB und KITTNER 1980) beziehen, ist der gesamtgesellschaftliche Aufwand weitaus geringer, wenn schon im Einzugsgebiet und in der Talsperre Einfluß auf die Rohwasserbeschaffenheit genommen wird. Dadurch vergrößert sich auch der Spielraum für mögliche Steuerungsmaßnahmen. Die Versorgungssicherheit sinkt, wenn im Gewässer oder gar erst bei der Wasseraufbereitung etwas „nachgeholt“ werden soll, was mit geringerem Risiko und größerem Nutzen (z. B. Verringerung der Düngerverluste; Einsparung von Rohstoffen, Chemikalien und Elektroenergie) bereits im Einzugsgebiet realisiert werden kann. Die ökonomische Optimierung komplexer wasserwirtschaftlicher und territorialer Systeme wird künftig, was die Stoffumsetzungen in den Gewässern anbelangt, in zunehmendem Maße auf ökologische Modelle als Entscheidungsinstrumente zurückgreifen müssen.

Literatur

ANDER, E., K. PÜTZ: Elaboration of a reconstruction programme and regulation concerning a protective zone illustrated by the example of Lichtenberg Reservoir. UNEP Training Course "Management of surface water resources with special reference to eutrophication" June 11 – July 6, 1979, Dresden. **5**, 1–17.

BENNDORF, J.: Kausalanalyse, theoretische Synthese und Simulation des Eutrophierungsprozesses in stehenden und gestauten Gewässern. Diss. B. Fak. Bau-, Wasser-, Forstwesen Techn. Univ. Dresden 1980.

—, UHLMANN, D. u. K. PÜTZ: Strategies for water quality management in reservoirs in the German Democratic Republic. WHO Water Quality Bulletin, Environment Canada, **6** (1981), 3, 68–73, 90.

BERNHARDT, H.: Recent developments in the field of eutrophication prevention. Z. Wasser-, Abwasser-Forsch. **14** (1981), 1, 14–26.

—, u. J. CLASEN: Anforderungen an die Qualität der Zuflüsse von Trinkwassertalsperren. DVGW-Schriftenreihe Wasser **22**, 183–215 (1979).

BEUSCHOLD, E.: Anforderungen an die Beschaffenheit des Rohwassers von Trinkwassertalsperren aus der Sicht der Wasseraufbereitung. Acta hydrochimica et hydrobiologica **3** (1975), 413–432.

DYCK, S.: Wasserwirtschaft. Wissenschaft und Fortschritt **28** (1978), 9, 341–346.

GELLER, W. u. H. MÜLLER: Scanning electron microscope studies on the filtration apparatus of planktonic Cladocera: distances between setulae and their implications on food selectivity. Poster Lecture, 21. Congress Internat. Assoc. Theor. a. Applied Limnology, Kyoto, August 1980.

HÖHNE, E.: Untersuchungen zur Regionallimnologie der Trinkwassertalsperren des mittleren und westlichen Erzgebirges. Diss. Fak. Bau-, Wasser-, Forstwesen, Techn. Univ. Dresden 1970.

HÖHNE, E.: Untersuchungen über die Nitratbelastung in Talsperren. Wiss. Z. Techn. Univ. Dresden **24** (1975), 6, 1454–1455.

HORN, W.: Der Anteil des Crustaceenplanktons an der Verringerung des Phytoplanktongehaltes in der Saidenbachtalsperre. Diss. Fak. Bau-, Wasser-, Forstwesen, Techn. Univ. Dresden 1978.

KLAPPER, H.: Experience with lake and reservoir restoration techniques in the German Democratic Republic. Hydrobiologia **72** (1980), 31–41.

MEYER, A. F.: Trinkwasser aus Talsperren. München. Oldenbourg. 1937.

RECKNAGEL, F., J. BENNDORF: Validation of the Ecological Simulation Model SALMO. Int. Revue ges. Hydrobiol. **67** (1982), 1, 113–125.

STRASKRABA, M.: Mathematische Simulation der Produktionsdynamik in Gewässern und deren Anwendung auf die Produktionssteuerung in Talsperren. Z. Wasser-, Abwasser-Forschung **12** (1979), 2, 56–64.

UHLMANN, D.: Die biologische Selbstreinigung in Abwasserteichen. Verh. Int. Ver. Limnol. **13** (1958), 617–623.

UHLMANN, D.: Limnology and performance of waste treatment lagoons. Hydrobiologica **72** (1980), 21–30.

UHLMANN, D., E. ALBRECHT: Biogeochemische Faktoren der Eutrophierung von Trinkwassertalsperren. Limnologica **6** (1968), 225–245.

UHLMANN, D., J. BENNDORF: The use of primary reservoirs to control eutrophication caused by nutrient inflows from non-point sources, S. 192–195 in: Duncan, N. a. J. Rzoska (Ed.), Land use impacts on lake and reservoir ecosystems. Proceed. MAB 5 Workshop May 26–June 2, 1978, Warsaw/Poland. Facultas-Verlag Wien 1980.

VOLLENWEIDER, R.: Advances in defining critical loading levels for phosphorus in lake eutrophication. Mem. Ist. Ital. Idrobiol., Suppl. **18** (1976), 53–83.

WEGENER, U.: Die Auswirkungen landwirtschaftlicher Meliorationen auf die Phosphor- und Stickstoffbelastung von Gewässern in Einzugsgebieten von Trinkwasserspeichern. Acta hydrochim. hydrobiol. **7** (1979), 87–105.

WETZEL, A.: Technische Hydrobiologie. Leipzig, Akadem. Verlagsgesellschaft. **1969**.

WIEGLEB, K., H. KITTNER: Nitrateliminierung aus Trinkwasser durch Ionenaustauscher. Wasserwirtschaft–Wassertechnik **30** (1980), 7, 231–235.

ABHANDLUNGEN DER SÄCHSISCHEN AKADEMIE DER WISSENSCHAFTEN ZU LEIPZIG

Mathematisch-naturwissenschaftliche Klasse

Band 49

Heft 1 Dr. Ernst-Gerhard Mahn, **Vegetationsaufbau und Standortverhältnisse der kontinental beeinflußten Xerothermrasengesellschaften Mitteldeutschlands**
1965. 138 Seiten — 24 Abbildungen, davon 20 auf 8 Kunstdrucktafeln — 37 Tabellen — 4° — M 30,60

Heft 2 Prof. Dr.-Ing. Dr. h. c. Kurt Schwabe, **Elektroenergie und Brennstoffelemente**
1966. 19 Seiten — 13 Abbildungen — 8 Tabellen — 4° — M 4,20

Heft 3 Prof. Dr. Dr. h. c. Maximilian Klinkowski, **Die Phytoalexin-Theorie von K. O. Müller**
1966. 23 Seiten — 15 Abbildungen — 4° — M 3,70

Heft 4 Felix Lampadius und Dankward Bockmann, **Erfahrungen zur Abwehr von chronischen Rauchschäden mit waldbaulichen Mitteln im westsächsischen Hügelland**
1967. 20 Seiten — 9 Abbildungen auf 4 Kunstdrucktafeln — 11 Tabellen — 4° — M 3,50

Heft 5 **Internationales Symposium Brennstoffelemente, Dresden, 29. 3.—1. 4. 1967**
Herausgegeben von Prof. Dr.-Ing. Dr. h. c. Kurt Schwabe unter Mitarbeit von Dr. E. Winkler
1968. 366 Seiten — 228 Abbildungen — 40 Tabellen — 4° — M 48,—

Band 50

Heft 1 Prof. Dr. Peter Friedrich Matzen, **Probleme der operativen Skoliosenbehandlung**
1968. 26 Seiten — 29 Abbildungen — 4° — M 9,50

Heft 2 Dr. Oskar Intrau, **Kompositionstafeln quaternärer quadratischer Formen**
1970. XXIV, 121 Seiten — 4° — M 16,20

Heft 3 Felix Lampadius, **Der Burkhardtswald bei Aue als klassisches Beispiel waldbaulicher Rauchschadenabwehr**
1969. 24 Seiten — 1 Faltkarte — 6 Tabellen — 4° — M 4,50

Heft 4 Dr. habil. Günter Sachse, **Die Reinigung readioaktiv kontaminierter Abwässer durch Kontaktenthärtung und Ionenaustausch**
1971. 132 Seiten — 91 Abbildungen, davon 60 auf 23 Kunstdrucktafeln — 67 Tabellen — 4° — M 26,—

Band 51

Heft 1 **Beiträge zur Chemie und Technologie der Brennstoffe**
Gedenkschrift für Prof. Dr. techn. habil. Anton Lissner
Herausgegeben von Prof. Dr.-Ing. Dr.-Ing. eh. Erich Rammler
1971. 146 Seiten — 1 Titelbild — 57 Textabbildungen, davon 6 auf 3 Tafeln — 35 Tabellen — 4° — M 26,—

Heft 2 Dr. Günter Herrmann, **Beiträge zur Bestimmung von Schwefeldioxid in der Atmosphäre und Herstellung von Schwefeldioxid-Luft-Gemischen**
1971. 179 Seiten — 74 Abbildungen, davon 13 auf 10 Kunstdrucktafeln — 41 Tabellen — 4° — M 29,—

Heft 3 Prof. Dr. med. GEORG MERREM, **Die parasagittalen Meningiome**
Zum Gedächtnis des Begründers der deutschen Neurochirurgie Prof. Dr. FEDOR KRAUSE 1857–1937
1971. 38 Seiten — 20 Abbildungen — 1 Tabelle — M 10,—

Heft 4 Prof. Dr. MAXIMILIAN KLINKOWSKI, **Epidemien und Pandemien pflanzenpathogener Krankheitserreger in ihrer Beziehung zum Menschen**
1971. 54 Seiten — 41 Abbildungen — 4 Tabellen — 4° — M 10,70

Heft 5 Prof. Dr. GUSTAV E. R. SCHULZE und Dr. PETER PAUFLER, **Die plastische Verformung „spröder" intermetallischer Verbindungen und ihre Elementarprozesse**
1972. 24 Seiten — 14 Abbildungen — 11 Tabellen — 4° — M 5,40

Band 52

Heft 1 Prof. Dr. KURT MOTHES, **Über sekundäre Pflanzenstoffe**
1972. 29 Seiten — 18 Abbildungen — 4° — M 5,50

Heft 2 Prof. Dr. DIETRICH UHLMANN, **Störungen des biologischen Gleichgewichts in Gewässern**
1973. 17 Seiten — 16 Abbildungen — 4° — M 4,50

Heft 3 FELIX LAMPADIUS, **Beitrag zum Nachweis der Wertminderung des Waldes als Folge von Immissionseinwirkung**
1974. 27 Seiten — 4 Abbildungen — 8 Tabellen — 4° — M 6,50

Heft 4 Dr. MANFRED KLOSE, **Beiträge zur D- und V-Struktur von Wasser und speziellen wäßrigen Elektrolytlösungen**
1974. 63 Seiten — 22 Abbildungen — 21 Tabellen — 4° — M 16,—

Heft 5 Prof. Dr. med. HORST HANSON, **Eiweißumsatz und Differenzierungsvorgänge tierischer Zellen**
1974. 26 Seiten — 13 Abbildungen — 9 Tabellen — 4° — M 6,—

Band 53

Heft 1 **3. Internationales Symposium über Probleme der Passivität von Metallen**
(Technische Universität Dresden, 29.–31. 5. 1975)
1979. 171 Seiten — 150 Abbildungen, davon 26 auf 10 Tafeln — 27 Tabellen — 4° M 42,—

Heft 2 Prof. Dr. LOTHAR JENTSCH, **Zur Existenz von regulären Lösungen der Elastostatik stückweise homogener Körper mit neuen Kontaktbedingungen an den Trennflächen zwischen zwei homogenen Teilen**
1977. 45 Seiten — 4° — M 18,—

Heft 3 Prof. Dr.-Ing. Dr. h. c. mult. KURT SCHWABE und Dr. CHRISTIAN QUECK, **Freie Überführungsenthalpien von Einzelionen aus Wasser in organische Solventien. Eine kritische Übersicht**
1979. 104 Seiten — 38 Abbildungen — 47 Tabellen — 4° — M 22,—

Heft 4 Dr. KARL STREHMEL, **Näherungsmethoden zur Ermittlung von transsonischen Profilströmungen mit Verdichtungsstößen**
1978. 78 Seiten — 25 Abbildungen — 4° — M 23,—

Band 54

Heft 1 Prof. Dr. phil. Ernst Neef, **Analyse und Prognose von Nebenwirkungen gesellschaftlicher Aktivitäten im Naturraum**
Mit Beiträgen von A. Bernhardt, K. D. Jäger und K. Mannsfeld
1979. 70 Seiten — 7 Abbildungen — 1 Falttafel — 2 Tabellen — gr. 8° — M 13,50

Heft 2 Dr. Gunter Kabisch, **Schwingungsspektroskopische und Kernresonanzuntersuchungen an Tetraalkylammoniumsalzlösungen**
1979. 71 Seiten — 29 Abbildungen — 11 Tabellen — gr. 8° — M 14,—

Heft 3 Prof. Dr. Dietrich Uhlmann, **Künstliche Ökosysteme**
1980. 34 Seiten — 17 Abbildungen — 2 Tabellen — gr. 8° — M 5,50

Heft 4 Prof. Dr. Hermann Berg, **Der Formenwandel einer DNA-Doppelhelix in Lösung, an der Elektrode und seine molekularbiologische Bedeutung**
1981. 45 Seiten — 40 Abbildungen — 3 Tabellen — gr. 8° — M 8,50

Heft 5 Prof. Dr. Manfred Gersch, **Zur Evolution des Hormonsystems im Tierreich**
1982. 33 Seiten — 6 Abbildungen — 12 Tabellen — gr. 8° — M 5,50

Band 55

Heft 1 Prof. Dr. Herbert Jordan, **Aug' um Ohr: Goethes Zugang zur Musik**
1982. 39 Seiten — 4 Abbildungen — gr. 8° — M 7,50

Heft 2 Prof. Dr. Wilhelm Oelssner, **Computertomographie,** Eine Übersicht
1983. 36 Seiten — 41 Abbildungen — gr. 8° — M 7,50

Heft 3 Prof. Dr. Karl Mannsfeld, **Landschaftsanalyse und Ableitung von Naturraumpotentialen** *In Vorbereitung*

Heft 4 Prof. Dr. Dietrich Uhlmann, **Ökologische Probleme der Trinkwassergewinnung aus Talsperren** *Vorliegendes Heft*

Bis Band 48 vom Zentralantiquariat der Deutschen Demokratischen Republik, Leipzig, ab Band 49 vom Akademie-Verlag, Berlin, zum Teil noch lieferbar

Bestellungen einzeln oder zur Fortsetzung durch eine Buchhandlung erbeten

A K A D E M I E - V E R L A G

DDR-1086 Berlin, Leipziger Straße 3—4

FSC
www.fsc.org
MIX
Papier | Fördert gute Waldnutzung
FSC® C083411

Zeitfracht Medien GmbH
Ferdinand-Jühlke-Straße 7
99095 Erfurt, Deutschland
produktsicherheit@kolibri360.de